BEI GRIN MACHT SICH IHR WISSEN BEZAHLT

AF137227

- Wir veröffentlichen Ihre Hausarbeit, Bachelor- und Masterarbeit

- Ihr eigenes eBook und Buch - weltweit in allen wichtigen Shops

- Verdienen Sie an jedem Verkauf

Jetzt bei www.GRIN.com hochladen und kostenlos publizieren

Peter Klapper

Adsorptionsgleichgewichte von Di(2-ethylhexyl)phosphorsäure an der Wasser-Dodekan-Phasengrenze. Einfluss von Zusatzelektrolyten

GRIN Verlag

Bibliografische Information der Deutschen Nationalbibliothek:

Die Deutsche Bibliothek verzeichnet diese Publikation in der Deutschen National-bibliografie; detaillierte bibliografische Daten sind im Internet über http://dnb.d-nb.de/ abrufbar.

Impressum:

Copyright © 2014 GRIN Verlag GmbH
Druck und Bindung: Books on Demand GmbH, Norderstedt Germany
ISBN: 978-3-656-71522-1

Dieses Buch bei GRIN:

http://www.grin.com/de/e-book/278787/adsorptionsgleichgewichte-von-di-2-ethylhexyl-phosphorsaeure-an-der-wasser-dodekan-phasengrenze

Adsorptionsgleichgewichte von Di(2-ethylhexyl)phosphorsäure an der Wasser-Dodekan-Phasengrenze: Einfluss von Zusatzelektrolyten

Anhand der Adsorption der beiden Derivate Monomer und Anion der Di(2-ethylhexl)phosphorsäure wird eine neue Modellierungsstrategie zur Beschreibung der Adsorptionsgleichgewichte und deren konsekutiver physikalischen Größe Grenzflächenspannung vorgestellt. Ausgangspunkt ist die Beschreibung des Adsorptionsgleichgewichtes dieser beiden grenzflächenaktiven Stoffe durch die Langmuir-Isotherme. Wegen der Gegenionenanreicherung, die durch die Stern-Isotherme wiedergegeben wird, muss die Gibbs´sche Adsorptionsgleichung gegenüber der üblicherweise für dieses Stoffsystem verwendeten nichtionischen Modellierungsstrategie um den Gegenionenbeitrag ergänzt werden. Durch ein einfaches Modell zur Einbindung der Mizellbildung gelingt es, die Gleichgewichtsgrenzflächenspannung auch bei hohen Konzentrationen der grenzflächenaktiven Stoffe zu beschreiben.

1 Stand des Wissens

Die Adsorption grenzflächenaktiver Substanzen bestimmt maßgeblich die Eigenschaften der Phasengrenze. In Flüssig-Flüssig-Systemen werden vornehmlich die Grenzflächenspannung, die Grenzflächenladung und die Grenzflächenrheologie durch die Anreicherung von Stoffen verändert [1,2]. Diese adsorptiven Grenzflächenmodifikationen haben weitreichende Folgen für die Prozessgestaltung in der Fluidverfahrenstechnik. So werden in dispersen Stoffsystemen die Phasenbildungsmechanismen Dispergierung und Koaleszenz, die Tropfengeschwindigkeit und der Stofftransport durch die Phasengrenze beeinflusst. Von eminenter Bedeutung ist die Beschreibung der Adsorptionsgleichgewichte, wenn die angereicherten Stoffe bei der physikalischen Extraktion die Übergangskomponenten oder bei der Reaktivextraktion selbst entweder Edukte oder Produkte darstellen, da in diesen Fällen die Vorgänge an und in der Phasengrenze den Prozess dirigieren.

Die Adsorptionsisothermen, die die Gleichgewichtzusammensetzung der Phasengrenze über die Verknüpfung der Konzentrationen in der Phasengrenze mit denen der Volumenphasen charakterisieren, sind für die Formulierung von ungehemmten Adsorptionsvorgängen fundamental, da zwar der Transport aus den jeweiligen Kernphasen an die Phasengrenze durch die kinetischen Vorgänge Konvektion, Diffusion und in wässrigen Regimes durch Migration erfolgt, der Anreicherungsschritt aber durch das lokale Gleichgewicht zwischen der Phasengrenze und der angrenzenden Volumenphase, der sogenannten Subsurface, vollzogen wird. Wird die Anreicherung durch Wechselwirkungen in der Phasengrenze und in der Subsurface zeitlich verzögert, muss anstelle der Isothermen der sorptive Mechanismus durch einen kinetischen Ansatz wiedergegeben werden [3]. Dessen Formulierung lässt sich aus den Adsorptionsisothermen ableiten, da die Isothermen den stationären Zustand der Sorptionskinetik definieren.

Die Überprüfung der Eignung von speziellen Isothermen erfolgt mittels der Anpassung gemessener Verläufe der Gleichgewichtsgrenzflächenspannung. Deren Änderung ist über die Gibbs´sche Adsorptionsgleichung mit den Grenzflächenkonzentrationen und Aktivitätsänderungen in den Volumenphasen verknüpft [3]. Aus den Annahmen über zusätzlich zu den grenzflächenaktiven Stoffen als Folge deren Adsorption angereicherter Komponenten resultieren unterschiedliche Modellierungsstrategien [4].

Trotz des industriellen Einsatzes des Kationenaustauschers Di(2-ethylheyl)phosphorsäure - kurz HDEHP - bei der Metallsalzextraktion [5] und seiner bekannten Grenzflächenaktivität [6] ist es immer noch Usus, die Adsorption als spontane chemische Reaktion zu beschreiben [7,8]. Auch wenn die Adsorption ungehemmt erfolgt, wird bei dieser Vorgehensweise die begrenzte Anreicherungskapazität in der Phasengrenze unterschlagen. Ein Faktum, das bei den sich anschließenden Metallsalzbildungsreaktionen dazuführt, dass bei Erhöhung der Turbulenzintensität in der Phase, aus der adsorbiert wird, der Stofftransport stagniert und die phasenseitigen Transportlimitierungen auftreten.

Selbst die Arbeiten, die sich mit der Adsorption von HDEHP an Wasser-Öl-Phasengrenzen beschäftigen, offenbaren große Unterschiede. So beschreiben *Miyake et al.* [9] und *Szymanowski et al.* [10] die Gleichgewichtsgrenzflächenspannung bei der Adsorption des Kationenaustauschers über die Langmuir-Isotherme unter der Prämisse des gleichen Platzbedarfs des adsorbierten Monomers und des Kationenaustauscheranions. *Vandegrift et al.* [11] und *Shen et al.* [12] vernachlässigen sogar den Einfluss der Anreicherung des Anions in der Phasengrenzschicht und gehen von einer Einkomponentenadsorption aus. Den Einfluss von Gegenionen, wie ihn *Goanker et al.* [6] anhand experimenteller Verläufe der Gleichgewichtsgrenzflächenspannung aufzeigen, berücksichtigt keiner dieser Autoren.

2 Experimentelles

Die Bestimmung der Gleichgewichtsgrenzflächenspannung erfolgte nach der Tropfenprofilanalyse bei 20°C am hängenden Tropfen als stationärer Wert. Bei dieser Methode wird das Profil eines rotationssymmetrischen Tropfens als Schattenbild erfasst und über die Kräftebilanz von Grenzflächenspannung, Auftriebs- und Schwerkraft beschrieben [13].

2

Aufgrund der Adsorptionsvorgänge ändern sich, wenn eine Dichtedifferenz zwischen Tropfen- und Volumenphase gegeben ist, die Krümmungsradien des Tropfens und es wird jeder Tropfenformänderung eindeutig eine Grenzflächenspannung zu gewiesen.

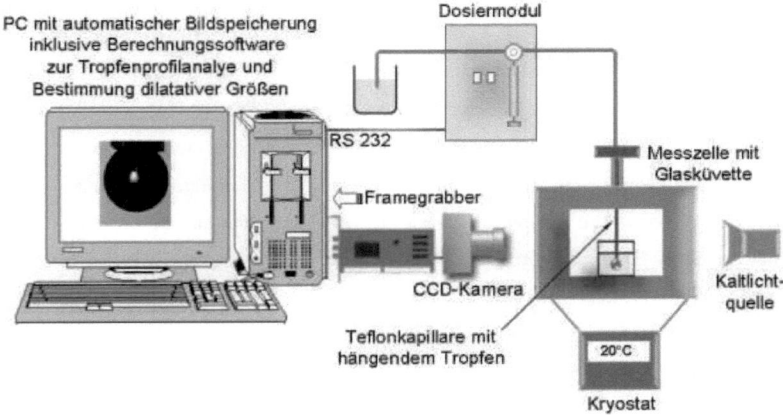

Bild 1: Versuchsaufbau des Pendant-Drop-Tensiometers

In Bild 1 ist die eingesetzte Messanordnung dargestellt: Mittels der Dosiereinrichtung, die aus einer gasdichten Glasspritze, deren Hub über einen Schrittmotor gesteuert wird, besteht, wird an einer Teflonkapillare in einer mit organischer Phase gefüllten Küvette, die in die temperierten Messzelle eingelassen ist, der hängende wässrige Tropfen erzeugt. Die Temperierung der Messzelle wird durch einen Kryostaten realisiert, wobei die Temperatur in dem umgewälzten Kühl- bzw. Heizwasser erfasst und geregelt wird. Durch eine Kaltlichtquelle, deren Licht mittels Diffuser und Linse parallelisiert wird, wird der Tropfen angestrahlt. Das Schattenbild des Tropfens wird über das Objektiv mit angeschlossener CCD-Kamera in den Rechner übertragen und durch einen Frame Grabber digitalisiert [14]. Durch die Software PAT 1 der Firma SINTERFACE ist die automatische Abspeicherung des digitalen Tropfenprofils zu einem beliebigen Zeitpunkt möglich. Über eine Schnittstelle steuert sie zudem die Dosiereinheit, sodass während des Versuches optional die Oberfläche oder das Volumen eines Tropfens durch permanente Regelung gemäß dem Versuchsprogramm, dessen zeitliche Verläufe durch die Eingabe von entsprechenden mathematischen Funktionen realisiert werden, entweder verändert oder konstant gehalten wird.

Alle verwendeten Chemikalien bis auf den eingesetzten Kationenaustauscher (Hersteller Sigma) wurden auf mögliche Verunreinigungen anhand tensiometrischer Messungen überprüft und im

Fall des Verdünnungsmittels (n-Dodekan, Hersteller Merck) durch Auswaschen mit entmineralisiertem Wasser aufbereitet.

Um den Einfluss der beiden grenzflächenaktiven Kationenaustauschervarianten - Monomer und Anion - näher durch Verschiebung ihres Dissoziationsgleichgewichtes zu studieren und die Bedeutung der Gegenionen für die Grenzflächenspannung zu erfassen, wurden der wässrige Phase Schwefelsäure, Natriumsulfat oder Natriumhydroxid in verschiedenen Konzentrationen beigegeben. In der organischen Dodekan-Phase wurde die HDEHP-Konzentration ausgehend von Konzentrationen klassischer Tenside bis hinzu Konzentrationen technischer Anwendungen variiert. Bevor die Grenzflächenspannung am wässrigen Tropfen mit einer organischer Volumenphase vermessen wurde, wurden die beiden Phasen bei einem konstanten Volumenverhältnis 24 Stunden in einer Schüttelvorrichtung gemischt. Da auf diese Weise der Stoffaustausch zwischen den Phasen abgeschlossen war, konnten Fehler, die aus unterschiedlichen Vorlagevolumina resultieren, ausgeschlossen werden. In der wässrigen Phase wurde zusätzlich der pH-Wert gemessen, um bei der Modellierung nicht alle variablen Konzentrationswerte durch Bilanzgleichungen bestimmen zu müssen.

3 Modellbildung

Die Gibbs´sche Adsorptionsgleichung liefert für den Fall der gemeinsamen Adsorption des Monomers und des Kationenaustauscheranions bei Einbeziehung der Anreicherung der Protonen und Natriumionen als Gegenionen für die Änderung der Grenzflächenspannung, wenn man die Konzentrationsverschiebung in der elektrochemischen Doppelschicht vernachlässigt:

$$\mathrm{d}\gamma = -\Re T \left(\Gamma_{\overline{HR}} \frac{\mathrm{d}a_{\overline{HR}}}{a_{\overline{HR}}} + \Gamma_{R^-} \frac{\mathrm{d}a_{R^-}}{a_{R^-}} + \Gamma_{H^+} \frac{\mathrm{d}a_{H^+}}{a_{H^+}} + \Gamma_{Na^+} \frac{\mathrm{d}a_{Na^+}}{a_{Na^+}} \right) \tag{1}$$

In diese Gleichung führt man die Langmuir´schen Isothermen mit der Vereinfachung ein, dass die maximalen Grenzflächenkonzentrationen der Mehrkomponentenadsorption jenen der Einkomponentenadsorption entsprechen.

$$\Gamma_{\overline{HR}} = \Gamma_{\infty,\overline{HR}} \frac{K_{L,\overline{HR}} \, a_{\overline{HR}}}{1 + K_{L,\overline{HR}} a_{\overline{HR}} + K_{L,R^-} \, a_{R^-}} \tag{2}$$

$$\Gamma_{R^-} = \Gamma_{\infty,R^-} \frac{K_{L,R^-} \, a_{R^-}}{1 + K_{L,\overline{HR}} a_{\overline{HR}} + K_{L,R^-} \, a_{R^-}} \tag{3}$$

Die Grenzflächenkonzentrationen der Gegenionen werden über die Stern´sche Isothermen mit ihren Kernphasenaktivitäten und der Grenzflächenkonzentration der adsorbierten Kationenaustauscheranionen gekoppelt.

4

$$\Gamma_{H^+} = \frac{K_{S,H^+}a_{H^+}}{1 + K_{S,H^+}a_{H^+} + K_{S,Na^+}a_{Na^+}}\Gamma_{R^-} \tag{4}$$

$$\Gamma_{Na^+} = \frac{K_{S,Na^+}a_{Na^+}}{1 + K_{S,H^+}a_{H^+} + K_{S,Na^+}a_{Na^+}}\Gamma_{R^-} \tag{5}$$

Da der Monomergehalt der organischen Phase durch die Überführung der Monomere in die wässrige Phase und anschließender Dissoziation mit den Aktivitäten des Protons und des anionischen Kationenaustauscherrestes verbunden und somit eine Konzentrationsgröße stets durch die beiden anderen definiert ist, müssen deren Änderung in der Gibbs´schen Adsorptionsgleichung Gl. (1) durch verbleibenden unabhängige Variablen ausgedrückt werden. Über das Verteilungsgleichgewicht zwischen den Monomeren in den beiden Phase

$$K_p = \frac{a_{\overline{HR}}}{a_{HR}} \tag{6}$$

und dem Massenwirkungsgesetz der Dissoziation

$$K_a = \frac{a_{H^+}\cdot a_{R^-}}{a_{HR}} \tag{7}$$

erhält man den Zusammenhang zwischen den unterschiedlichen Aktivitäten:

$$a_{R^-} = \frac{K_a}{K_p}\frac{a_{\overline{HR}}}{a_{H^+}} \tag{8}$$

Hieraus bildet man den Quotienten des vollständigen Differenzials der Anionaktivität.

$$\mathrm{d}a_{R^-} = \frac{K_a}{K_p}\left(\frac{1}{a_{H^+}}\mathrm{d}a_{\overline{HR}} - \frac{a_{\overline{HR}}}{a_{H^+}^2}\mathrm{d}a_{H^+}\right) \tag{9}$$

Nach der Einführung der Isothermen und der Verknüpfung der abhängigen Aktivitäten erhält man durch Integration aus der Gibbs´schen Adsorptionsgleichung Gl. (1) die Berechnungsvorschrift der Gleichgewichtsgrenzflächenspannung.

$$\gamma = \gamma_0 - \Re T \frac{\Gamma_{\infty,\overline{HR}}K_{L,\overline{HR}}a_{\overline{HR}} + \Gamma_{\infty,R^-}K_{L,R^-}a_{R^-}}{K_{L,\overline{HR}}a_{\overline{HR}} + K_{L,R^-}a_{R^-}}\ln\left[1 + K_{L,\overline{HR}}a_{\overline{HR}} + K_{L,R^-}a_{R^-}\right]$$

$$-\Re T \frac{\Gamma_{\infty,R^-}K_{L,R^-}a_{R^-}K_{S,H^+}a_{H^+}}{(1 + K_{S,Na^+}a_{Na^+})(1 + K_{L,\overline{HR}}a_{\overline{HR}}) - K_{L,R^-}a_{R^-}K_{S,H^+}a_{H^+}}\ln\frac{1 + \dfrac{K_{L,R^-}a_{R^-}}{1 + K_{L,\overline{HR}}a_{\overline{HR}}}}{1 + \dfrac{1 + K_{S,Na^+}a_{Na^+}}{K_{S,H^+}a_{H^+}}} \tag{10}$$

$$-\Re T \frac{\Gamma_{\infty,R^-}K_{L,R^-}a_{R^-}}{1 + K_{L,\overline{HR}}a_{\overline{HR}} + K_{L,R^-}a_{R^-}}\ln\left[1 + \frac{K_{S,Na^+}a_{Na^+}}{1 + K_{S,H^+}a_{H^+}}\right]$$

Diese Beziehung gilt zunächst einmal nur für den submizellaren Konzentrationsbereich; sie lässt sich aber problemlos durch Modifizierung auf den mizellaren ausweiten. Hierzu nutzt man den Sachverhalt, dass die Mizellbildung keine chemische Reaktion im klassischen Sinn sondern nur eine Selbstorganisation der tensidischen Moleküle ist. Dieses hat zur Folge, dass die Mizellbildung keinen Einfluss auf die chemischen Reaktionsgleichgewichte besitzt. Ihre Relevanz resultiert aus der Wirkung auf die Adsorptionsisothermen. Für diese ist der nichtaggregierte Tensidanteil entscheidend. Wegen der bekannten Mizellbildung des Kationenaustauscheanions [15] hat dieses zur Konsequenz, dass die Kopplungen zwischen den Aktivitäten auch im mizellaren Konzentrationsbereich gültig sind und in der Berechnungsformel der Gleichgewichtsgrenzflächenspannung Gl. (10) die Anionaktivität durch jene des freien Anions ersetzt werden muss.

$$a_{R^-} = \alpha_{R^-} \frac{K_a}{K_p} \frac{a_{\overline{HR}}}{a_{H^+}} \tag{11}$$

Der freie Anionanteil wird über eine Mizellbidungsreaktion definiert, die formal chemischen Reaktionen analog ist. Vernachlässigt man die Bedeutung der Gegenionen auf die Mizellbildung, lässt sich die Mizellbildung durch das Reaktionsschema

$$n R^- \Leftrightarrow (R^-)_n \tag{12}$$

wiedergeben, wenn man zusätzlich annimmt, dass die Mizellen monodispers mit einer einheitlichen Aggregationszahl vorliegen. Das zugehörige Massenwirkungsgesetz liefert:

$$K_{m,R^-} = \frac{a_{(R^-)_n}}{a_{R^-}^n} \tag{13}$$

Da die Mizellbildung die chemischen Reaktionsgleichgewichte nicht beeinträchtigt, wird die Mizellaktivität über das Verteilungs- und das Dissoziationsgleichgewicht unter Zuhilfenahme des freien Anionanteils formuliert.

$$a_{(R^-)_n} = (1 - \alpha_{R^-}) \frac{K_a}{K_p} \frac{a_{\overline{HR}}}{a_{H^+}} \tag{14}$$

Führt man diese Gleichung Gl. (14) zusammen mit der Beziehung Gl. (11) in das Massenwirkungsgesetz Gl. (13), so definiert sich der Anteil des freien Anions durch die implizite Gleichung:

$$\frac{1 - \alpha_{R^-}}{\alpha_{R^-}^n} = K_{m,R^-} \left(\frac{K_a}{K_p} \frac{a_{\overline{HR}}}{a_{H^+}} \right)^{n-1} \tag{15}$$

Während die Protonenaktivität messtechnisch erfasst wurde, müssen die anderen Aktivitäten berechnet werden. Beim Natriumion kennt man, da es nicht erkennbar extrahiert wurde, den

Konzentrationswert. Der unbekannte Aktivitätskoeffizient wird unter Einbeziehung des Radius des hydratisierten Ions als einzigen ionenspezifischen Parameter durch das erweiterte Debye-Hückel-Gesetz beschrieben. Dieses lautet für ein beliebiges z-wertiges Ion [16]:

$$\ln \gamma_i = -\frac{z_i^2 \mathfrak{J}^2 \cdot \kappa}{2\varepsilon_0 \varepsilon_{rel} \mathfrak{R} T N_A \left(1 + \kappa \cdot r_{i,hyd}\right)} \tag{16}$$

Die enthaltene Debye-Hückel-Länge wird über die Ionenstärke definiert.

$$\kappa = \sqrt{\frac{8\pi \mathfrak{J}^2}{\varepsilon_0 \varepsilon_{rel} \mathfrak{R} T}} \cdot \sqrt{I} \qquad \text{mit } I = \tfrac{1}{2} \sum_i z_i^2 \cdot c_i \tag{17}$$

Wegen der Abhängigkeit der Elektrolytaktivitätskoeffízienten von der Ionenstärke müssen auch die anderen Ionenkonzentrationen bestimmt werden. Da diese wiederum über die verschiedenen reaktionsspezifischen Gleichungen des Massenwirkungsgesetzes hergeleitet werden, ist die Kenntnis der Aktivitätskoeffizienten aller vorhandenen Ionen erforderlich. Die hydratisierten Ionenradien werden aus den tabellierten mittleren Ionenradien [17] durch numerische Regressionsverfahren kalkuliert (Tabelle 1). Der Radius des hydratisierten Kationenaustauscheranions wird als Mittelwert der anderen Werte abgeschätzt.

H^+	Na^+	OH^-	HSO_4^-	SO_4^{2-}	R^-
4,3 Å	3,5 Å	4,8 Å	3,9 Å	3,7 Å	3,9 Å

Tabelle 1: Verwendete hydratisierte Ionenradien r_{hyd}

Die Bestimmung der für die Kalkulation der Ionenstärke notwendigen Konzentrationswerte wird unter der Vorgabe durchgeführt, dass beim Zusatz von Schwefelsäure diese nur in dissozierter Form vorliegt. Das Gleichgewicht zwischen den Sulfat- und Hydrogensulfationen wird über das Massenwirkungsgesetz formuliert

$$K_{HSO_4^-} = \frac{c_{SO_4^{2-}} \cdot a_{H^+}}{c_{HSO_4^-}} \cdot \frac{\gamma_{SO_4^{2-}}}{\gamma_{HSO_4^-}} \tag{18}$$

und durch Bilanzierung der Gesamtsulfatmenge berechnet. Die gleichfalls unbekannte Hydroxidkonzentration ist definiert durch:

$$c_{OH^-} = \frac{K_{H_2O}}{\gamma_{OH^-} \cdot a_{H^+}} \tag{19}$$

Die erforderlichen Dissoziationskonstanten werden den Standardwerken zur Beschreibung von Gleichgewichten anorganischer Elektrolyte entnommen [18,19].

Die Aktivität des Kationenaustauscheranions ist über die Gleichung Gl. (8) erklärt. Hieraus wird über die Verknüpfung

$$c_{R^-} = \frac{a_{R^-}}{\gamma_{R^-}} \tag{20}$$

die zugehörige Konzentration berechnet, sobald die Aktivität des Monomers ermittelt worden ist. Diese wird unter Berücksichtigung des Dimerisationsgleichgewichtes

$$K_d = \frac{a_{\overline{(HR)_2}}}{a_{\overline{HR}}^2} \tag{21}$$

über die Massenbilanz, die alle HDEHP-Variationen in der organischen und wässrigen Phase einbezieht, mit Hilfe der auf das Monomer bezogenen HDEHP-Gesamtkonzentration und der Protonenaktivität als weiterer bekannter Konzentrationsparameter ausgedrückt.

$$a_{\overline{HR}} = \frac{\gamma_{\overline{(HR)_2}}}{4 K_d \gamma_{\overline{HR}}^\infty} \left(\sqrt{\left(1 + \frac{V_w}{V_o}\frac{\gamma_{\overline{HR}}^\infty}{K_p}\left[\frac{K_a}{\gamma_{R^-} a_{H^+}} + \frac{1}{\gamma_{\overline{HR}}^\infty}\right]\right)^2 + \frac{8 K_d {\gamma_{\overline{HR}}^\infty}^2}{\gamma_{\overline{(HR)_2}}} c_{HDEHP,0}} \right.$$
$$\left. - \left(1 + \frac{V_w}{V_o}\frac{\gamma_{\overline{HR}}^\infty}{K_p}\left[\frac{K_a}{\gamma_{R^-} a_{H^+}} + \frac{1}{\gamma_{\overline{HR}}^\infty}\right]\right)\right) \tag{22}$$

Die Konzentrationsabhängigkeit des Dimeraktivitätskoeffizienten wird nach dem Wilson-Modell [20] für die binäre Mischung Dodekan-Dimer bestimmt (Tabelle 2), da der Monomeranteil nach allgemeinem Wissensstand [21] in aliphatischen Verdünnungsmittel gegenüber dem Dimeranteil verschwindend gering ist.

$$\ln \gamma_i = 1 - \ln\left(\sum_j x_j \cdot \Lambda_{ij}\right) - \sum_k \frac{x_k \cdot \Lambda_{ki}}{\sum_j x_j \cdot \Lambda_{kj}} \quad \text{mit} \quad x_i = \frac{c_i}{\sum_j c_j} \tag{23}$$

	$C_{12}H_{26}$	$(HR)_2$
$C_{12}H_{26}$	1	3,2173
$(HR)_2$	0,0381	1

Tabelle 2: Wechselwirkungsparameter Λ des Wilson-Modells

Weil neben den Konstanten der Adsorptionsisothermen auch die chemischen Gleichgewichtskonstanten aus dem Datenfitting der gemessenen Gleichgewichtsgrenzflächenspannungen gewonnen wurden, können die konkreten Zahlenwerte zwar angegeben werden (Tabelle 3), doch sind alle Parameter von dem Adsorptionsgleichgewichtsmodell abhängig. Grundsätzlich jedoch sind die chemischen Gleichgewichtskonstanten unabhängig von der Wahl des Modells der Adsorptionsgleichgewichte. Daher können insbesondere diese Kennwerte nur als reine Fittingwerte verstanden werden und nicht als chemische Konstanten.

$\Gamma_{\infty,\overline{HR}}$	$K_{L,\overline{HR}} \cdot \gamma_{HR}^{\infty}$	Γ_{∞,R^-}	K_{L,R^-}	K_{m,R^-}	n
$2{,}596 \cdot 10^{-6}$ mol/m^2	$3{,}620 \cdot 10^{5}$ l/mol	$1{,}632 \cdot 10^{-6}$ mol/m^2	$1{,}614 \cdot 10^{6}$ l/mol	$4{,}956 \cdot 10^{30}$ (mol/l)$^{1-n}$	14

$K_d \dfrac{\gamma_{HR}^{\infty\,2}}{\gamma_{(HR)_2}^{\infty}}$	$K_a \cdot \gamma_{HR}^{\infty}$	$K_p \dfrac{\gamma_{HR}^{\infty}}{\gamma_{\overline{HR}}^{\infty}}$	K_{S,H^+}	K_{S,Na^+}
$1{,}231 \cdot 10^{2}$ l/mol	$1{,}231 \cdot 10^{2}$ mol/l	$2{,}557 \cdot 10^{6}$	$1{,}428 \cdot 10^{2}$ l/mol	$6{,}913 \cdot 10^{2}$ l/mol

Tabelle 3: Gefittete Kennzahlen der Adsorption und der chemischen Gleichgewichte

Dieser Sachverhalt ändert jedoch nichts an der Tatsache, dass mit der vorgestellten Modellierungsstrategie ein besseres Datenfitting erreicht wird als mit den herkömmlichen Modellierungsstrategien. Eine bessere Beschreibung der Gleichgewichtsgrenzflächenspannung für nichtvariable vorgegebene chemische Gleichgewichtskonstanten kann unter Umständen durch die ionische Modellierungsstrategie erzielt werden. Für den Fall des zusätzlichen Fittings der chemischen Konstanten hingegen bietet die ionische Strategie keine bessere Datenanpassung [14]. Bedeutsamer hinsichtlich der Auswahl der grundsätzlichen Modellierungsstrategie sind die Wahl des Isothermentyps und die Beschreibung der Mizellbildung.

4 Ergebnisse

Wie die Datenanpassung (Linien) auf der Basis des vorgestellten Modells zeigt, erhält man eine gute Beschreibung der Messresultate. So weisen die statistischen Fehlergrößen nur geringe Werte auf. Trotz der völlig unterschiedlichen Versuchsbedingungen beträgt die Standardabweichung lediglich 7,6 % bei einem mittleren relativen Fehler von 6,2 %. Die gute theoretische Approximation aller Kurvenverläufe wird durch den maximalen relativen Fehler von 23,5 % bestätigt. Bei Wegfall der Einbeziehung der Mizellbildung steigt die Standardabweichung auf den sechsfachen Wert an, da die beiden Messreihen mit hohen Natriumhydroxidbeigaben das Fittingresultat dominieren.

Der Vergleich von gemessenen und berechneten Grenzflächenspannungsverläufen bei Zugabe von Schwefelsäure (Bild 2) zeigt, dass die geringe Konzentrationssensitivität sehr gut wiedergegeben wird. Die verbliebenen Abweichungen dürften wegen der Ungenauigkeit im geringen Konzentrationsbereich des Kationenaustauschers vorrangig eine Folge der Verwendung der Langmuir-Isothermen sein.

Auch bei der Zugabe von Natriumsulfat kommen die berechneten und gemessenen Kurven für HDEHP-Gesamtkonzentrationen größer als 1 µmol/l nahezu zur Deckung (Bild 3). Lediglich für die Messreihe bei Zugabe von 1 mmol/l Natriumsulfat treten etwas größere Abweichungen auf.

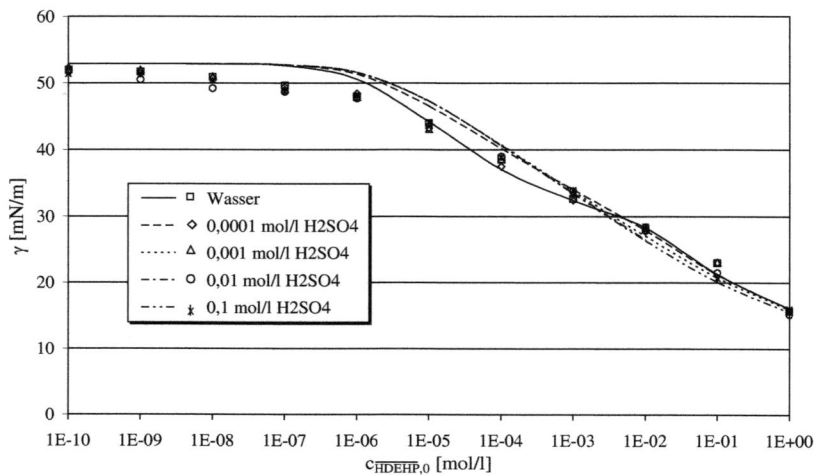

Bild 2: Grenzflächenspannungen für verschiedene Schwefelsäurezusätze

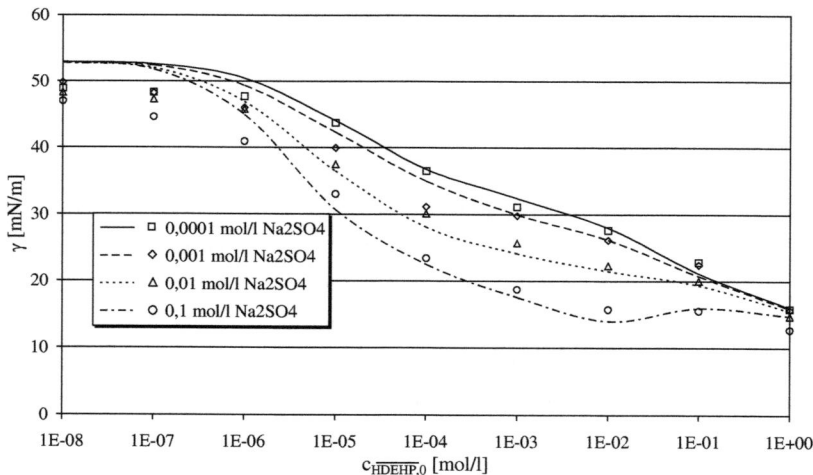

Bild 3: Grenzflächenspannungen für verschiedene Natriumsulfatzusätze

Insgesamt kann man auch hier konstatieren, dass das Modell sowohl eine tendenzielle und vor allem auch quantitative Beschreibung ermöglicht.

Dass das Modell trotz der vereinfachenden Annahmen zur Mizellbildung, die nur die dominierende Aggregationsform berücksichtigen, die Grenzflächenspannung mit zunehmender Basizität zufriedenstellend wiedergeben kann, demonstrieren die Kurvenverläufe bei Zugabe von Natronlauge (Bild 4). Zwar sind die Unterschiede zwischen Messung und Simulation hier größer, doch die Tendenzen werden für alle Konzentrationswerte treffend abgebildet und für die beiden extremalen Natronlaugekonzentrationen sind die Kurven auch quantitativ konform.

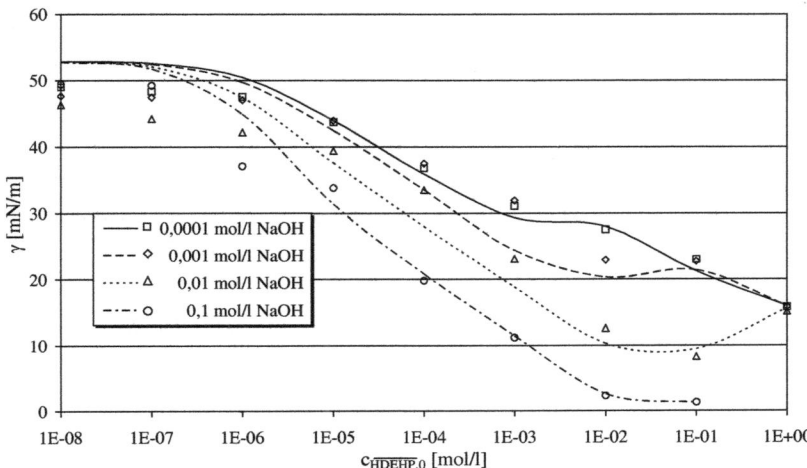

Bild 4: Grenzflächenspannungen für verschiedene Natriumhydroxidzusätze

Unabhängig von den Anpassungsresultaten verdeutlichen die gemessenen Gleichgewichtsspannungen die unterschiedliche Grenzflächenaktivität des Kationenaustauscheranions und des Monomers sowie den besonderen Einfluss der Gegenionenadsorption. Diese bedingen beim Zusatz von Natriumsulfat oder Natriumhydroxid, dass lokale Grenzflächenspannungsextremata auftreten.

Die Messungen mit und ohne Schwefelsäurezusatz (Bild 2) sind aufgrund des Dissoziationsgleichgewichtes des Kationenaustauschers primär durch die Adsorption des Monomers bedingt, sodass die Grenzflächenspannungsverläufe ähnlich und fallend sind.

Aufgrund des Hydrogensulfat-Sulfat-Gleichgewichtes wird der pH-Wert bei der Zugabe von Natriumsulfat gepuffert, sodass als Folge der Kationenaustauscherdissoziation mehr Anionen der Organophosphorsäure in der wässrigen Phase gebildet werden als in den schwefelsauren Lösungen. Dieses führt zu einem verstärkten Abfall der Grenzflächenspannung mit Erhöhung der Natriumsulfatkonzentration (Bild 3). Mit zunehmender Kationenaustauscherkonzentration erschöpft sich auch bei hohen Natriumsulfatbeigaben die Pufferwirkung und die Anionadsorption verliert gegenüber der Monomeradsorption an Gewicht. Allerdings dissoziert auch bei den hohen HDEHP-Konzentrationen immer noch mehr HDEHP als ohne Zugabe von Natriumsulfat, sodass nur bei den beiden kleinen Natriumsulfatkonzentrationen ab einer 0,1 molaren HDEHP-Konzentration die Grenzflächenspannungen jenen im schwefelsauren System entsprechen. Für die 0,1 molare Natriumsulfatlösung weist die Grenzflächenspannungskurve bei dieser HDEHP-Konzentration wegen der Veränderungen der Grenzflächenkonzentrationen einen Sattelpunkt auf. Die besondere Relevanz der Natriumanreicherung für die Verläufe der Grenzflächenspannung erkennt man vor allem an den Grenzflächenspannungsabsenkungen für HDEHP-Konzentrationen kleiner als 1 mmol/l, da hier die durch die Lewis-Base bedingten Konzentrationsänderungen bedeutungslos sind. Die Grenzflächenspannungen werden hingegen vor allem bei den hohen Natriumsulfatzusätzen gravierend erniedrigt.

Aufgrund der Säure-Base-Reaktion zwischen dem Kationenaustauscher und der Natronlauge wird das Anion des Kationenaustauschers in die wässrige Phase überführt und zunehmend an der Phasengrenze adsorbiert. Gleichzeitig wird der Kationenaustauscher in der organischen Phase verbraucht. Solange die Natronlaugekonzentration hinreichend groß ist, wird die Grenzflächenspannungsänderung durch die Anion- und Natriumadsorption bestimmt. Mit dem Anstieg der HDEHP-Konzentration in der Vorlage wird der pH-Wert immer kleiner. Dieses führt zu einer Zunahme des undissozierten Kationenaustauscheranteils in der Phasengrenze und der organischen Phase. Hieraus resultiert eine Erhöhung der Grenzflächenspannung. Steigert man die HDEHP-Konzentration weiter, bedingt die Monomeranreicherung in der Phasengrenze wieder einen Grenzflächenspannungsabfall. Aus diesen Gründen weisen die Kurven der Grenzflächenspannung beim Zusatz von Natronlauge (Bild 4) für die 0,001 molare Natronlauge jeweils ein schwach ausgebildetes lokales Minimum und Maximum und für die 0,01 molare Natronlauge ein ausgeprägtes Minimum aus. Bei der 0,1 molaren Natronlauge konnte die Grenzflächenspannung für die 1 molare HDEHP-Konzentration wegen der Bildung einer stabilen Mikroemulsion nicht vermessen werden.

5 Zusammenfassung

Die Gleichgewichtsgrenzflächenspannung für die gemeinsame Adsorption von Monomer und Anion des Kationenaustauschers wird unter Berücksichtigung des Elektrolyteinflusses durch ein pseudo-nichtionischen Modell erfolgreich simuliert. Die Adsorption der beiden von sich aus grenzflächenaktiven Stoffe wird durch die Langmuir-Isothermen der Mehrkomponentenadsorption beschrieben. Die Einbindung der Gegenionenadsorption bei der Anreicherung des Kationenaustauscheranions erfolgt mittels der Stern'schen Isothermen. Die Mizellbildung dieses Anions wird monodispers formuliert mit der Bedingung, dass die Mizellbildung die chemischen Gleichgewichte nicht tangiert. Ein möglicher Einfluss des Grenzflächenpotenzials auf die Adsorptionsgleichgewichte und die Grenzflächenspannung wird vernachlässigt.

Sowohl die geringe Sensitivität bzgl. der Schwefelsäurekonzentration kann mit diesem Modell korrekt abgebildet werden als auch die starke Einflussnahme der Natriumionen beim Zusatz von Natriumsulfat. Außerdem gelingt es, selbst bei Zugabe von Natronlauge, die gemessenen Grenzflächenspannungen durch Einbindung des einfachen Mizellbildungsmodells gut zu beschreiben.

Die gemessenen wie auch berechneten Verläufe der Gleichgewichtsgrenzflächenspannung bestätigen die ausgeprägte Grenzflächenaktivität des anionischen Kationenaustauscherrestes. Weit bedeutsamer ist aber die Tatsache, dass die Gegenionenanreicherung die Grenzflächenspannung gravierend beeinflusst und offensichtlich viele dem Anion der Organophosphorsäure zugeschriebenen Wirkungen durch die Gegenionenadsorption bedingt sind.

Nomenklatur

Variablen

a	Aktivität
c	Konzentration
I	Ionenstärke
K	Adsorptionskonstante, chemische Gleichgewichtskonstante
n	Mizellbildungszahl des Kationenaustauscheranions
r	Radius
T	Temperatur
V	Volumen
x	Molanteil
z	Ladungszahl
Γ	Grenzflächenkonzentration
γ	Grenzflächenspannung, Aktivitätskoeffizient
Δ	Differenz
κ	Debye-Hückel-Länge
Λ	Wilson'scher Wechselwirkungsparameter

Indizes und Kopfzeiger

a	Dissoziationsgleichgewicht
d	Dimerisation
hyd	hydratisiert
i, j, k	Komponente

L	Langmuir
m	Mizelle
o	organische Phase
p	Verteilungsgleichgewicht
S	Stern'sche Isotherme
w	wässrige Phase
0	Anfangsgröße
∞	unendlich verdünnt, maximal

Naturkonstanten

N_A	Avogadrosche Zahl
ε_0	Dielektrizitätskonstante des Vakuums
π	Ludolfsche Zahl
T	Faradaysche Konstante
Y	ideale Gaskonstante

Appendix

Die Gibbs´sche Adsorptionsgleichung Gl. (1) ergibt nach Einführung der Stern´schen Isothermen Gl. (4) und Gl. (5) sowie der Aktivitätenkopplungen Gl. (8) und Gl. (9):

$$d\gamma = -\Re T\left[\left(\Gamma_{\overline{HR}} + \Gamma_{R^-}\right)\frac{da_{\overline{HR}}}{a_{\overline{HR}}} - \frac{1 + K_{S,Na^+}a_{Na^+}}{1 + K_{S,H^+}a_{H^+} + K_{S,Na^+}a_{Na^+}}\Gamma_{R^-}\frac{da_{H^+}}{a_{H^+}}\right.$$
$$\left. + \frac{K_{S,Na^+}}{1 + K_{S,H^+}a_{H^+} + K_{S,Na^+}a_{Na^+}}\Gamma_{R^-}da_{Na^+}\right]$$

(A1)

Die Lösung dieser Differenzialgleichung erfolgt durch partielle Integration nach der Substitution der beiden Grenzflächenaktivitäten durch die Langmuir´schen Isothermen Gl. (2) und Gl. (3). Die Integration des ersten Integrals, das den direkten Einfluss der adsorbierten Monomere und Kationenaustauscheranionen beschreibt, liefert:

$$\Delta\gamma_{\overline{HR},R^-} = -\Re T\int\left(\Gamma_{\overline{HR}} + \Gamma_{R^-}\right)\frac{da_{\overline{HR}}}{a_{\overline{HR}}}$$
$$= -\Re T\frac{\Gamma_{\infty,\overline{HR}}K_{L,\overline{HR}}a_{\overline{HR}} + \Gamma_{\infty,R^-}K_{L,R^-}a_{R^-}}{K_{L,\overline{HR}}a_{\overline{HR}} + K_{L,R^-}a_{R^-}}\ln\left(1 + K_{L,\overline{HR}}a_{\overline{HR}} + K_{L,R^-}a_{R^-}\right)$$

(A2)

Der Einfluss der Protonenanreicherung wird durch das folgende Integral beschrieben.

$$\Delta\gamma_{H^+} = \Re T \int \frac{1 + K_{S,Na^+} a_{Na^+}}{1 + K_{S,H^+} a_{H^+} + K_{S,Na^+} a_{Na^+}} \Gamma_{R^-} \frac{da_{H^+}}{a_{H^+}} + c_1$$

$$= \Re T \int \frac{\Gamma_{\infty,R^-} K_{L,R^-} \dfrac{K_a}{K_p} a_{\overline{HR}}}{a_{H^+}^2 (1 + K_{L,\overline{HR}} a_{\overline{HR}}) + K_{L,R^-} \dfrac{K_a}{K_p} a_{\overline{HR}} a_{H^+}} \cdot da_{H^+} \qquad (A3)$$

$$- \Re T \int \frac{\Gamma_{\infty,R^-} K_{L,R^-} \dfrac{K_a}{K_p} a_{\overline{HR}}}{a_{H^+} (1 + K_{L,\overline{HR}} a_{\overline{HR}}) + K_{L,R^-} \dfrac{K_a}{K_p} a_{\overline{HR}}} \cdot \frac{K_{S,H^+}}{1 + K_{S,H^+} a_{H^+} + K_{S,Na^+} a_{Na^+}} da_{H^+} + c_1$$

Zur Gewinnung der Stammfunktion des ersten Integrals müssen die Substitutionen

$$A^* = 1 + K_{L,\overline{HR}} a_{\overline{HR}} \qquad (A4a)$$

$$B^* = K_{L,R^-} \frac{K_a}{K_p} a_{\overline{HR}} \qquad (A4b)$$

und für das zweite Integral die Substitutionen

$$A = K_{S,H^+} (1 + K_{L,\overline{HR}} a_{\overline{HR}}) \qquad (A5a)$$

$$B = (1 + K_{S,Na^+} a_{Na^+})(1 + K_{L,\overline{HR}} a_{\overline{HR}}) + K_{L,R^-} \frac{K_a}{K_p} a_{\overline{HR}} K_{S,H^+} \qquad (A5b)$$

$$C = K_{L,R^-} \frac{K_a}{K_p} a_{\overline{HR}} (1 + K_{S,Na^+} a_{Na^+}) \qquad (A5c)$$

vorgenommen werden. Auf diese Weise kann die Stammfunktion aus den tabellierten unbestimmten Integralen [22] hergeleitet werden und man erhält für den Protoneneinfluss:

$$\Delta\gamma_{H^+} = \Re T \Gamma_{\infty,R^-} \left(\int \frac{B^*}{a_{H^+}(A^* a_{H^+} + B^*)} da_{H^+} - \int \frac{B^* K_{H^+}}{A a_{H^+}^2 + B a_{H^+} + C} da_{H^+} \right) + c_1$$

$$= -\Re T \Gamma_{\infty,R^-} \left(\ln \frac{A^* a_{H^+} + B^*}{a_{H^+}} + \frac{B^* K_{H^+}}{\sqrt{B^2 - 4AC}} \ln \frac{2A a_{H^+} + B - \sqrt{B^2 - 4AC}}{2A a_{H^+} + B + \sqrt{B^2 - 4AC}} \right) + c_1 \qquad (A6)$$

Einfacher ist die Bestimmung des Natriumeinflusses auf die Grenzflächenspannungsänderung:

$$\Delta\gamma_{Na^+} = -\Re T \int \frac{K_{S,Na^+}}{1 + K_{S,H^+} a_{H^+} + K_{S,Na^+} a_{Na^+}} \Gamma_{R^-} da_{Na^+} + c_2$$

$$= -\Re T \Gamma_{R^-} \ln\left(1 + K_{S,H^+} a_{H^+} + K_{S,Na^+} a_{Na^+}\right) + c_2 \qquad (A7)$$

Die Integrationskonstanten werden durch die jeweilige Grenzwertbildung, mit der Nullkonvergenz der zugehörigen Aktivitäten ermittelt. Für diese Fälle müssen die durch die Gegenionenanreicherung bedingten Grenzflächenspannungsänderungen verschwinden. Als zusätzliches Kriterium muss erfüllt sein, dass, wenn die Aktivität des anionischen

Kationenaustauscherrestes gegen Null läuft, die Grenzflächenspannungsänderungen nur durch den nichtionischen Anteil definiert werden.

Durch Aufsummierung der drei Grenzflächenspannungsanteile erhält man schließlich die Beziehung Gl. (10).

Die HDEHP-Massenbilanz lautet für unterschiedliche Volumina der Öl- und Wasserphase auf der Basis der HDEHP-Ausgangskonzentration in der Monomerform:

$$V_o \cdot c_{\overline{HDEHP},0} = V_o \cdot c_{\overline{HDEHP}} + V_w \cdot (c_{R^-} + c_{HR}) \tag{A8}$$

Der undissoziierte Anteil der im Wasser gelösten Organophosphorsäure wird mittels der Beziehung Gl. (6) nach Ersatz der wasserseitigen Monomeraktivität durch eine lineare Konzentrationsabhängigkeit als Funktion der Monomeraktivität in der organischen Phase formuliert.

$$c_{HR} = \frac{a_{\overline{HR}}}{K_p \cdot \gamma_{HR}^{\infty}} \tag{A9}$$

Die HDEHP-Gesamtkonzentration der organischen Phase setzt sich summarisch aus den Beiträgen von Monomer und Dimer zusammen. Mit Hilfe der Gleichgewichtsbeziehung der Dimerisation Gl. (21) und der Konzentrationsunabhängigkeit des Monomeraktivitätskoeffizienten resultiert daher:

$$c_{\overline{HDEHP}} = \frac{a_{\overline{HR}}}{\gamma_{\overline{HR}}^{\infty}} + \frac{2K_d \cdot a_{\overline{HR}}^2}{\gamma_{\overline{(HR)_2}}} \tag{A10}$$

Setzt man diese Gleichung zusammen mit der Dissoziationsbeziehung Gl. (8) in Kombination mit der Definition der Anionkonzentration Gl. (20) und der Gleichung des undissoziierten HDEHP's Gl. (A9) in die Gleichung Gl. (A8) ein, so erhält man für die HDEHP-Ausgangskonzentration:

$$c_{\overline{HDEHP},0} = \frac{2K_d}{\gamma_{\overline{(HR)_2}}} \cdot a_{\overline{HR}}^2 + \left(\frac{1}{\gamma_{\overline{HR}}^{\infty}} + \frac{V_w}{V_o} \left[\frac{K_a}{K_p} \frac{1}{\gamma_{R^-} a_{H^+}} + \frac{1}{K_p \gamma_{HR}^{\infty}} \right] \right) \cdot a_{\overline{HR}} \tag{A11}$$

Diese Beziehung stellt bezüglich der Monomeraktivität eine quadratische Gleichung dar, deren Lösung nach der Methode der quadratischen Ergänzung den gewünschten Zusammenhang liefert.

Literatur

[1] Hunter, R. J.: *Foundations of colloid science*; Clarendon Press, 2001

[2] Miller, R.; Wüstneck, R.; Krägel, J.; Kretzschar, G.: *Dilational and shear rheology of adsorption layers at liquid interfaces*; Colloids Surfaces A 111 (1996) 75-118

[3] Dukhin, S. S.; Kretzschmar, G.; Miller, R.: *Dynamics of adsorption at liquid interfaces*; Studies Interface Sci. Vol. 1, Elsevier, 1995

[4] Prosser, A. J.; Franses, E. I.: *Adsorption and surface tension of ionic surfactants at the air-water interface: Review and evaluation of equilibrium models*; Colloids Surfaces A 178 (2001) 1-40

[5] Lo, T. C. (Hrsg.); Baird, M. H. I. (Hrsg.); Hanson, C. (Hrsg.): *Handbook of solvent extraction*; Krieger Publishing Company, 1991

[6] Gaonkar, A. G.; Neuman, R. D.: *Interfacial activity, extractant selectivity and reversed micellization in hydrometallurgical liquid/liquid extraction systems*; J. Colloid Interface Sci. 119 (1987) 251-261

[7] Ji, J.; Mensforth, K. H.; Perera, J. M.; Stevens, G. W.: *The role of kinetics in the extraction of zinc with D2EHPA in a packed column*; Hydrometallurgy 84 (2006) 139-148

[8] Mansur, M. B.; Slater, M. J.; Biscaia, E. C.: *Kinetic analysis of the reactive liquid-liquid test system $ZnSO_4/D_2EHPA/n$-heptane*; Hydrometallurgy 63 (2002) 107-116

[9] Miyake, Y.; Harada, M.: *Extraction rate of metal ions with acidic organophosphorus extractant*; Rew. Inorg. Chem. 10 (1989) 65-92

[10] Szymanowski, J.; Cote, G.; Blondet, I.; Bouvier, C.; Bauer, D.; Sabot, J. L.: *Interfacial activity of bis(2-ethylhexyl)phosphoric acid in model liquid-liquid extraction systems*; Hydrometallurgy 44 (1997) 163-178

[11] Vandegrift, G. F.; Horwitz, E. P.: *Interfacial activity of liquid-liquid extraction reagents – I*; J. Inorg. Nucl. Chem. 42 (1980) 119-125

[12] Shen, J.; Gao, Z.; Xi, Z.; Sun, S.: *The interfacial properties and metal extraction kinetics of some organophosphorus extractants*; Proc. ISEC´86, München, Vol. II 287-293

[13] Möbius, D. (Hrsg.); Miller, R. (Hrsg.): *Drops and bubbles in interfacial research*; Studies Interface Sci. Vol. 6, Elsevier, 1998

[14] Klapper, P.: *Tensiometrische Stofftransportuntersuchungen der Zinkextraktion mit dem Kationenaustauscher Di(2-ethylhexyl)phosphorsäure*; Thesis, TU Bergakademie Freiberg, 2010

[15] Shioi, A.; Harada, M.; Tanabe, M.: *X-ray and light scattering from oil-rich microemulsions containing sodium bis(2-ethylhexyl) phosphate*; Langmuir 12 (1996) 3201-3205

[16] Pitzer, K. S.: *Thermodynamics*; McGraw-Hill, 1995

[17] D´Ans, J.; Lax, E.: *Taschenbuch für Chemiker und Physiker*; Springer-Verlag, 1943

17

[18] Högfeldt, E.: *Stability constants of metal-ion complexes. Part A: Inorganic ligands*; Pergamon Press, 1982

[19] Sillen, L. G.; Martell, A. E.: *Stability constants of metal-ion complexes*; The chemical society, 1964

[20] Prausnitz, J. M.; Lichtenthaler, R. N.; de Azevedo, E. G.: *Molecular thermodynamics of fluid-phase equilibria*; Prentice Hall, 1999

[21] MacLean, D. W. J.; Dreisinger, D. B.: *The kinetics of zinc extraction in the di(2-ethylhexyl)phosphoric acid, n-heptane-$Zn(ClO_4)_2$, $HClO_4$, H_2O system using the rotating diffusion cell*; Hydrometallurgy 33 (1993) 107-136

[22] Bronstein, I. N.; Semendjajew, K. A.: *Taschenbuch der Mathematik*; Verlag Harri Deutsch, 1987